決定版

NHK契約・受信料対策マニュアル

NHK受信料を払わなくても良い理由

東京大学経済学博士
＊
メディア報道研究政策センター理事長
小山和伸

展転社

はしがき　解体すべき受信料制度

受信制度の出自

ＮＨＫを支えている受信料制度は、第二章で述べるように、放送法六十四条によって成り立っている。つまり、ＮＨＫが映るテレビを買ったなら、ＮＨＫと受信契約をして受信料を支払わなければならないと決められている。では、なぜＮＨＫだけがこのような、いわば特権的な扱いを受けるようになったのであろうか。放送法が公布された時代の背景を、遡ってみてみよう。

放送法が制定されたのは、まだ日本が連合軍の占領下にあった昭和二十五（一九五〇）年である。この頃はまだラジオのみで、テレビ放送はなかった。テレビ放送の開始は、ＮＨＫが昭和二十八（一九五三）年に開始したのが最初で、その後民放各社がこれに続く。しかし、民放各社の放映は、その当時テストパターンと呼ばれる実験段階の放送に過ぎなかった。

テストパターンというのは、テレビの映像画面がブレないかどうか、あるいは音声が一定の音域や音量を、安定的に発着信できるかどうかを確かめるための放送である。例えば、日本テレビであれば4という数字を、TBSであれば6という数字を、円や直線で囲んだ画像を写し続け、ポーという一定の音を流し続ける。要するに、単調な音が単純な数字画面を背景に流れているだけである。こうした映像は、画面の鮮明さや明るさ、そして音量と音域の安定性をチェックする技術者たちにとっては重要でも、一般の視聴者にとっては、何が悲しくて見つめ続けなければならないのか、さっぱり訳がわからないような代物である。

だから当時は、テレビを見るということはNHKを見るということに等しかった。ニュースや歌やクイズ番組など、テレビ番組はNHKしかなかったのである。さらにその当時のテレビはまだまだ高価で、普及率は十パーセントに満たなかった。しかるに、テレビ放送の供給にかかるインフラは未だ不十分で、安定供給のためには巨額の設備投資が必要とされていた。

テレビ映りを良くするための設備投資を、一般財源から支出すると、わずか十パーセントに満たない裕福なテレビ所有者の便益のために、一般国民が納める税金が使われることになる。これは受益者負担の原則に反する。何らかの事業経費は、その事業の拡充によって利益を得られる人が負担すべきであるというのが、受益者負担の原則である。

故に、テレビ放送サービスの向上のための事業経費は、テレビを持っている人から徴収するという原則が成り立つ。そして、当時テレビを見るということはＮＨＫを見ることに等しかったのであるから、テレビを買ったらＮＨＫと受信契約を結び、受信料を支払うことによって、放送サービスの進展に協力するという論理が成り立っていたわけである。

時代遅れになった受信料制度

しかし、その後時代は急速な変化を見せる。テレビ普及率は飛躍的に増大し、民放各社も多彩な番組構成を実現していった。昭和三十六（一九六一）年にテレビ普及率は九十パーセントに達し、昭和四十（一九七〇）年以降現在に至るまで、百パーセントを維持している。他方、民放の開局が相次ぐとともに、番組内容の多様化と放送地域の拡大と、放送時間の拡張が進展してゆく。

こうなると、放送サービス向上のためのインフラ事業、例えば大きく高いテレビ塔を建設したり、放送出力を上げるための設備投資をしたりすることは、もはや一部の富裕層の便益向上ではなく、国民一般に対する便益向上を意味するようになる。さらに、テレビを見ることとイコールNHKを見ることとは言えなくなってくる。NHKを見なくても、他にいくらでも見るべき民放がある時代になったからである。

つまり、一般財源から放送インフラ事業の経費を支出しても、受益者負担に反しない時代が、もうとっくの昔に来ているのである。このあたりの経緯は、道路整備事業とガソリン税の関係によく似ている。かつて、自動車の普及率がほんの数パーセントに過ぎなかった昭和三十年代、道路整備は自動車を持っている人の便益を向上させるのだから、一般財源から支出したのでは、多くの国民が僅か数パーセントの富裕層のために負担を負うことになる。

そこで、自動車に入れるガソリンに税金をかけて徴収し、それを道路整備の資金とすることで受益者負担の原則が守られた。しかし、自動車の普及率が爆発的に増大してゆくと、ガソリン税の収入も莫大な金額になり、他に行き場のないガソリン税が、不必要な道路を次々に作る行政の無駄を生むようになってゆく。

この点も、NHK受信料とよく似ており、テレビ普及率の増大と放送インフラ整備の飽和状態によって、他に行き場のない莫大な受信料収入が、不必要なNHKの贅肉事業の肥満化や、職員の破格の高額給与（一人当たり平均年収千七百五十万円）に流れ込む事態を生んでいる。

市場原理に反する受信料制度

ところが、放送法六十四条によれば現在でも、テレビを買ったらNHKを見ようと見まいと、NHKと受信契約を結んで、受信料を払わなければならないことになっている。これは、消費者主権の原理にも、また自由市場の原理にも反している。自由市場原理の下、消費者は自らの意思に基づいて、対価を支払って購入する財・サービスを決めることができるはずである。それなのにNHKだけは、見ていない人からも、見たくない人からも受信料を徴収できるというのである。

しかもＮＨＫは、第一章で論じるように、同じ放送法の四条を守っていない。反日的で偏向した報道内容を放送し続けているからである。つまりＮＨＫは、放送法のうち自分に都合の良い条文だけを振り回して、受信契約と受信料支払いを迫っているわけである。

放送法六十四条は、いわば視聴者に対する義務規定と言って良い。これに対して、公正な報道を規定した放送法四条は、放送事業者に対する義務規定である。即ちＮＨＫは、自らに課せられた義務規定を無視しながら、視聴者には義務規定を守れと強要しているのである。これでは、放送法六十四条は時代遅れであるばかりではなく、不法な報道を助長する悪法であると言う他なく、これこそが、受信料制度解体を唱える論拠に他ならない。

決定版　ＮＨＫ契約・受信料対策マニュアル◎目次

第一章

なぜＮＨＫは許せないか

ＮＨＫは、公共放送として全国民に対して、放送受信契約と受信料の支払いを強要しながら、日本国を貶める虚偽または偏向した報道を繰り返している。さらにＮＨＫは、組織構成員の犯罪率が高く、巨額の受信料収入から高額の給与を得ながら、反社会的な組織となっている。以下では、まず偏向報道の実態を明らかにし、続いてＮＨＫ職員による犯罪行為について論じてゆくことにしよう。

1　反日偏向報道の実態

ＮＨＫは、特に戦前戦中の日本軍について、一貫して悪のイメージを刷り込もうとしている。ドキュメンタリー番組はもとより、ニュース、ドラマ、美術番組や子供番組に至るまで、「日本軍＝悪」のイメージ作りに専念している。

例えば、ドキュメンタリー番組では、日本の偏狭なナショナリズムと凶暴な軍国主義を挫くためには原爆投下もやむを得なかったなどという、アメリカの戦時国際法違反を正当化するような表現をしたり、あるいは中共での南京城修復のニュースでは、中共政府自身の都市計画によって取り壊された城壁を、日本軍の砲撃によって破壊されたと解説したり、美術番組でも、フィリピンの高校生が体験者の話を基に描いたとする、日本兵が小さな子供を銃剣で串刺しにしている絵を紹介したりと、その反日偏向姿勢には凄まじいものがある。

こうした反日偏向番組については、『増補版　これでも公共放送かＮＨＫ！』（小山和伸　令和元年）に詳しいが、ここではまず平成八（一九九六）年五月二十日放送の「51年目の戦争責任」を例示したい。放映から既にかなりの年数が経過しているが、この放送番組は決して忘れてはならない重大かつ明白な放送法違反事例だからである。

(1)「51年目の戦争責任」

平成八（一九九六）年五月二十日放送

「日本軍が慰安婦の強制連行を命じた証拠書類が出てきた」として放映されたこ

の番組は、その後の教科書問題や国連における日本国及び日本軍への糾弾と誹謗中傷、さらに慰安婦像と史実に反する石碑の乱立を惹起せしめた、極めて悪質な捏造番組であり、その国家的な災厄は未だ決して過去のものとはなっていない。

国連を舞台とする人権委員会では、現在なお日本国及び旧日本軍を「二十世紀最大の性奴隷制度を作った」として、その誹謗中傷の嵐は正に猖獗を極めていると言って良い。こうした不条理な国際世論をかき立てた最初の責任が、NHKと朝日新聞にあることは明らかである。さらに、令和二年度の文科省検定歴史教科書に、史実に反するとして長く削除されていた「従軍慰安婦」「慰安婦強制連行」などが、またぞろ復活しているという。ことは、国家のそして日本国民の名誉に関わる重大問題である。公共放送を自認するNHKの罪深さは、計り知れないと言うべきであろう。

番組で「強制連行を命じた日本軍の通達文書」として紹介されたのは、防衛省防衛研究所に所蔵されている「陸支密大日記」である。その原文は以下の通りである。

陸支密

副官ヨリ北支方面軍及中支派遣軍参謀長宛通牒案

　支那事変地ニ於ケル慰安所設置ノ為内地ニ於テ之カ従業婦ヲ募集スルニ当リ故ラニ軍部諒解等ノ名義ヲ利用シ為ニ軍ノ威信ヲ傷ツケ且ツ一般民ノ誤解ヲ招ク虞アルモノ或イハ従軍記者慰問者等ヲ介シテ不統制ニ募集シ社会問題ヲ惹起スル虞アルモノ或イハ募集ニ任スル者ノ人選適切ヲ欠キ為ニ募集ノ方法誘拐ニ類シ警察当局ニ検挙取調ヲ受クルモノアル等注意ヲ要スルモノ少カラサルニ就テハ将来是等ノ募集ニ当リテハ派遣軍ニ於テ統制シ之ニ任スル人物ノ選定ヲ周到適切ニシ其実施ニ当リテハ関係地方ノ憲兵及警察当局トノ連繋ヲ密ニシ以テ軍ノ威信保持上並ニ社会問題上遺漏ナキ様配慮相成度依命通牒ス

この通牒文を、概略現代文に直せば以下のようになる。

支那事変地域での慰安所を設置するに当たって、日本国内で従業婦を募集する際に、ことさらに軍部の了解を得ているようなことを言って、軍の名を利用して軍の威信を傷つけ、また一般人に誤解を招くような業者がある。或いは、従軍記者や慰問者などを介在して無秩序に募集を行い、社会問題を引き起こしかねない業者もある。また、募集の担当者の中には不適切な者がいて、まるで誘拐のような方法を取る者までいて、警察に検挙され取り調べを受けているなど、注意が必要な者も少なくない。従って、将来慰安婦の募集に関しては、募集担当者の人選が適切になるよう十分注意し、関係地方の憲兵と警察は連絡を密にして、社会問題によって軍の威信が傷つくことがないように、十分に配慮するよう命令通達する。

以上、この通牒文の主旨が慰安婦の募集に関わる不正な業者の取り締まりに、万全を期すよう求めたものであることは明らかである。しかしＮＨＫは、この通牒分の全文を紹介せず、文中の「慰安所設置」「従業婦等ヲ募集」「募集ノ方法誘拐ニ類シ」「募集ニ当リテハ派遣軍ニ於テ統制シ」「社会問題上遺漏ナキ様配慮」といった単語と文節を用いて、あたかも軍と警察が誘拐に類するような方法を用いてでも慰安婦をかき集め、しかもそれが社会問題化しないように、うまく収めるよう命じていたと放送した。

これは、誠に驚くべき改竄《かいざん》であり、放送法第四条三項「報道は事実をまげないですること」に明白に違反している。

(2)「ＥＴＶ２００１問われる戦時性暴力」

平成十三（二〇〇一）年一月三十日放送

同番組は、バウネット・ジャパンなる市民グループが主催した「女性国際戦犯法廷」と称する裁判形式の集会を紹介し、スタジオでこの集会に好意的な解説を付けたものである。同番組の基調は、人道に対する罪や性暴力などに対してこれを厳しく糾弾する風潮が世界中で広まっているにもかかわらず、旧日本軍によるアジア地域での性暴力は、未だに不問に付され続けているから、しっかり問い糺されねばならないという主旨に基づくものであった。

「法廷」を自称する集会は、弁護人無しで糾弾役の検事のみ、入場者も糾弾の主旨に賛同する人のみに限定されるなど、到底裁判の体を成す代物ではなかった。番組でNHKの司会者は、「裁判としては形式上問題があるにせよ」と断り書きを付けつつも、こうした旧日本軍の蛮行を改めて問い糺す意義を強調している。

このように、事実検証に目をつぶって「従軍慰安婦強制連行」や「日本軍による性奴隷制度」といった、明らかに史実に反する事実ではない事柄を、あったという前提で構成される番組は、明らかに放送法第四条の三「報道は事実をまげないですること」に違反している。もしNHKが、「性奴隷制度があったとする団体の集会という、事実を放映しただけだ」と抗弁したとしても、その放送は同四条の二「政治的に公平であること」及び四条の四「意見が対立している問題については、できるだけ多くの角度から論点を明らかにすること」に違反していることは明かである。

この法廷なる集会は、日本軍の蛮行などがあったか無かったかを真面目に議論ないし論争する姿勢は皆無であり、あったという立場からの糾弾のみが延々と続けられる「裁判ごっこ」に過ぎなかった。例えば、根拠が曖昧で裏付けが取れていない被害者の証言が続き、日本政府と昭和天皇の戦争責任を問うという、正に「似非法廷」に他ならなかった。

この似非法廷集会では、「戦時下における性暴力」とか「戦時下での女性の人権」等々の表現が多用され、議論を盛んに一般化している。この基本姿勢は、シリーズで放送された後続のＮＨＫ番組にも貫かれており、例えば東ティモールの独立戦争の際、兵士に暴行されたという女性が証言に立ち、またアフリカ各地での戦闘において、暴行被害にあった女性の事例などが次々に紹介される。

こうした企画の根底には、戦争という異常事態では、婦女子の暴行は当然あり得るという全体論を先行させて、「日本軍だけが例外だとは言えないはずだ」という論調を創り上げ、個別事例としての検証を度外視して、「虐待があったはず」「強制があったはず」との論旨を正当化してゆく強引で不合理な論理展開がある。

全体論は、あくまでも個別事例の検証の積み上げの上で構築されねばならぬはずであり、個別事例の検証はあくまで個別事例ごとの事実と証拠に基づいてなされなければならない。したがって、例えばアフリカやティモールでの戦時性暴力がいかに真実であったとしても、その事例の積み上げによる一般論で、時代も国情も全く異なる日本軍に関して、性暴力の存在を類推によって傍証することなど決してできない。

それどころか、日本軍官憲による強制連行などの証拠は、河野官房長官談話（平成五〈一九九三〉年八月）の際、あれほどの国内外に亘る調査にも拘わらず、ただの一件も見つかっていないことは、その後の石原信雄官房副長官証言（平成九年〈一九九七〉『文藝春秋』四月号）ですでに十分明らかなはずである。強制を訴える自称元慰安婦のうち、裏付けの取れた証言はいまだに一件もなく、しかも無理矢理連れて行かれるところを見たという目撃証言も皆無である。

現在国連を舞台に一人歩きしている「性奴隷（sex slave）」なる表現も、その先鞭を付け日本国に濡れ衣を着せる先棒を担いだのが、ＮＨＫであることは明白である。ＮＨＫと並んで慰安婦の強制連行を吹聴したもう一つの悪質メディアは朝日新聞であるが、同社は誠に遅ればせながらではあるが、平成二十六（二〇一四）年八月五日に少なくとも日本国内に向けては、「慰安婦強制連行説」の論拠としていた吉田清治の著書および証言が虚偽であったことを認め、関連記事の削除修正を公言し、同年九月十一日には謝罪会見を行った。

これに対してＮＨＫは、慰安婦強制連行説に基づく前掲の二つの捏造番組について、いまだに訂正も謝罪も一切していない。しかも、朝日新聞は購読しなければ購読料は取られないが、ＮＨＫは見なくても受信料を支払わなければならない。

現在、国連をはじめ燎原の火の如く世界中に広まる日本批判、性奴隷制度を作った国などという、史実に反する誹謗中傷によって、我が国日本の名誉はズタズタにされようとしている。日本政府の不甲斐ない対応と並んで、この責任の一番手は公共放送たるＮＨＫの捏造報道にある。

(3)「シリーズ・ＪＡＰＡＮデビュー、アジアの一等国」

平成二十一（二〇〇九）年四月五日放送

この番組を巡っては、ＮＨＫから直接インタビューを受けた台湾の人々が中心になって、ＮＨＫの報道姿勢に疑義を唱え、一万人訴訟にまで発展した。裁判の中心となった論点は、取材に協力した証言者の多くが、証言の主旨をねじ曲げて編集放映されたと訴えていること、および取材時点と放映時点で、ＮＨＫ側のインタビュー内容が異なっていたと訴えている点であった。

例えば、台湾の元医師である柯徳三氏は、日本統治時代の想い出に関するインタビューに対して、八田与一技師の烏山頭ダム建設の功績や、八田技師の長男と同級生であったという話を熱心に話したという。ところが、ＮＨＫのインダビュアーが「何か差別を受けたことはなかったか」としつこく質問するので、弁当のおかずをからかわれたことがあったことや、給与体系に差があった点などを述べたという。すると放送時点では、柯氏が語った日本統治時代の優れていた点や楽しかった思い出話などは全てカットされて、不快だった点や嫌な想い出として、いわば無理矢理に引き出された話のみが放映されたという。

さらに、パイワン族に対するインタビューでは、ロンドンでの日英博覧会にパイワン族の代表として出席した、高許月妹氏（原告）の父親が、「人間動物園」として見世物にされたという解説が放映され、高許氏の「悲しい」という証言が流された。しかし、ＮＨＫ側はインタビュー時点では「人間動物園」なる用語は一切使っておらず、ただ「亡くなったお父さんの写真を見てどうですか」と質問していたのである。

実際は、パイワン族の代表として高許氏の父親は誇りを持って出席し、帰国後もロンドンでの出来事を楽しげに語っていたという。裁判の経過については、次章において解説するが、裁判の争点となったのは、放送前のインタビュー内容と放送時点でのインタビュー内容が、違う内容にすり替えられた点であった。

こうした編集を行えば、本人の意見や感想をいくらでも編集者の意図に沿った不本意なものにすり替えることができる。例えば、

「蚊に刺されたことはありますか」という質問に対して、

「そりゃ、もちろんありますよ」

「そういうときはどうしますか」

「まあ、叩いて殺しますね」

「そうするとどうなりますか」
「だいたい血で真っ赤になりますね」
これを放送時点で、質問を
「人を殺したことがありますか」と、差し替えて放映したらどうなるか。こんな編集の自由が許されれば、誰でも殺人鬼に仕立て上げられてしまう恐れがある。NHKは、実際にかかる悪意に満ちた編集を、「JAPANデビュー」において行ない、親日国台湾の人々を日本統治時代を憎み、いまだに深い怒りと悲しみを抱く人々に仕立て上げようとしたのである。

(4)「World Wave」BS1

平成二十五(二〇一三)年放送

この番組は、尖閣諸島海域における日本人有志による漁業活動について、CCTV(中国中央電視台)のニュース番組に、日本語訳のナレーションを付けて、そのまま世界に向けて配信したものである。

その内容は、「ニュースです。中国の海洋監視船は一日、釣魚島（日本名・尖閣諸島）の周辺海域で巡航を行い、違法侵入した日本の船に対して、取り締まりをすると共に主権の主張をした……」「一日朝五時頃、中国の海洋監視船数隻が釣魚島海域に入り、日本の不法侵入した船四隻に対し退去するよう求めました……四隻に乗っていたのは日本の右翼団体のメンバー三十人余りで……」さらに、ナレーションは「日本の右翼グループが……一日未明、四隻の漁船で釣魚島周辺海域に入り、……中国の海洋監視船四隻が、すぐに釣魚島海域に入って日本漁船を退去させようとしました。……今年五月にも同じグループが同様の活動を行い、中国の監視船によって退去させられています」というものである。

これが、日本の公共放送ＮＨＫのニュース番組として、世界中に放送されたのである。これを聴いた世界中の人々は、尖閣諸島の領有権が日中いずれにあると感じるであろうか。昭和四十三（一九六八）年、国連アジア極東経済委員会（ＥＣＡＦＥ）による、尖閣諸島周辺海域における石油・天然ガス埋蔵調査報告書によって、莫大な埋蔵量が報告されて以来、中共は領有を主張し始め、以来同国の傍若無人な掠奪意図は増長の一途をたどるが、平成二十二（二〇一〇）年ヒラリー・クリントン米国務長官が「尖閣諸島には、日米安保条約五条が適用される」と明言したことに胸をなで下ろした日本人、特に日本の政治家は少なくなかろう。

しかし、ＮＨＫのこのような放送によって、日本の公共放送が中共の主権を認めている事実を論拠として、同国がいよいよ侵略行為に出た時、日本は何と反論するのか。また、自国の公共放送局が他国の主権を認めるかの如き放送を、許しているような国の島を守るために、アメリカは若者たちの命を賭してまで、この島を守る大儀を感じるであろうか。

ＮＨＫのこの国際放送は、かかる重大な危険をはらんだ、外患誘致罪に値する深刻な反日偏向放送である事実を知らなければならない。

(5)あいちトリエンナーレ２０１９「表現の不自由展・その後」を巡る一連の報道

令和元（二〇一九）年八月八日～十一月十七日放送、「News 7」「クローズアップ現代＋〝『表現の不自由展・その後』中止の裏で何が？　波紋広がる〟」「News watch 9」「目撃にっぽん！　激論の〝トリエンナーレ〟～作家と市民の75日～」

「表現の不自由展・その後」は、令和元（二〇一九）年八月一日に愛知県名古屋市で開会され、展示内容に対する激しい抗議と批判によって、わずか三日で中止に追い込まれたイベントである。さらに、同様の展示内容で二ヶ月後の十月八日に、厳重な警備と極端な来場者人数制限の下に再開され、十四日までの一週間開催された。

展示内容は、かつて展示会等で展示を拒否された展示物を集めたものという。

インターネットなどで配信されたその展示物の実態は、極めて醜く、反国家・反社会的なファナティシズムに染まりきった内容であった。例えば、昭和天皇の肖像がガスバーナーで焼かれ、燃え尽きた灰を土足で踏みにじる映像などである。展示物の中には、例の慰安婦を示すという少女の座像と「性奴隷」なる、事実無根の解説があり、明らかな政治的プロパガンダに他ならなかった。

これを芸術の名の下に公衆の面前に晒し、表現の自由を盾にとって非道な政治的主張を拡散させようとする意図は、正に芸術と表現の自由を卑しめる行為と言うほかはないが、ここで問題にするのは、この展示会に関わるNHKの報道姿勢である。

NHKのニュースや報道番組における問題点は、概略以下の二点に要約できる。第一に、この奇怪かつ異様な展示会の実情が正しく伝えられていないこと。第二に、その不正確で偏向した報道に基づいて、「表現の自由は守られなければならない」という、誰もが反対しない、あるいは反対しにくい命題を掲げて、おぞましい政治的プロパガンダの拡散に肩入れしていることである。

ニュースや報道番組で紹介された展示物は、ほとんど全ていわゆる慰安婦を表現するという少女の像のみであった。これを「表現の不自由」というのなら、未だに撤去されることなく、ソウルの日本大使館前に、ウィーン条約に違反して立ち続ける少女の像はどうなのだと言いたい。国際法で禁じられている表現さえをも、自由に謳歌し続けているではないか。

NHKのニュース・報道番組では、「焼かれるべき絵」と題された「作品」と称される、昭和天皇の肖像をガスバーナーで焼き、その灰を土足で踏みつける映像は決して映されることはなかった。

つまりＮＨＫ報道は、この作品展を慰安婦の少女像の展示会に仕立て上げようとしたのである。ナレーションでも「慰安婦問題を象徴する少女像などの展示」という解説が、何度となく執拗に繰り返されている。

そして、展示会への脅迫があったことを奇貨に、ＮＨＫは「慰安婦問題」に対する不当な圧力や弾圧によって、表現の自由が脅かされたと報じたかったのである。しからば、ソウルの日本大使館前の少女像はどうなのか。国際法で守られているはずの則を超えて、踏みにじられているのは、歴史の真実と日本の名誉なのである。

トリエンナーレ実行委員会会長代行の河村たかし名古屋市長は、このイベントに反対し、抗議文を出している。イベント再開の折には、座り込みまでして反対した。実行委員会会長の大村秀章愛知県知事は、憲法二十一条の「表現の自由」に違反すると述べたが、それを言うならこの醜悪な展示会が、天皇の地位を日本国民統合の象徴と定めた憲法第一条に違反していることを知るべきであろう。

ＮＨＫは九月三十日の「News watch 9」で、このイベントに予定されていた文化庁の補助金七千八百万円が、九月二十六日に全額不交付と決定されたことに対する抗議活動を、取材して報道した。しかし、この反社会的イベントに対する公金投入の本体は、愛知県からの六億円、名古屋市からの二億円である。公金投入に値する展示会の内容なのかどうか、NHKの関心はその議論にはなく、ただ「慰安婦」ないし「慰安婦問題」を弾圧と圧力に晒される日本の恥部として報じたかったとしか考えられない。

NHKのかかる報道姿勢が功を奏したのか、令和二（二〇二〇）年三月二十三日、文化庁は同イベントに対する補助金を僅か十五パーセント減額して、六千七百万円の支給復活を決定する。正にNHKの不遜な高笑いが聞こえてくる。

その意味で、今回のこのNHK報道も、既に述べた⑴「51年目の戦争責任」や、⑵「ETV2001問われる戦時性暴力」と気脈を通じた反日偏向番組に他ならなかったのである。

⑹「バリバラ桜を見る会〜バリアフリーと多様性の宴〜」

第一部 令和二（二〇二〇）年四月二十三日放送
第二部 令和二（二〇二〇）年四月三十日放送

この番組は、夜八時から教育テレビで放映されたものだが、安倍首相と麻生副総理を指す突拍子もない人物を登場させ、トンチンカンな答弁を演じてみせる極めて低俗な内容であった。安倍晋三首相を揶揄《やゆ》する人物は、テロップで「内閣総理大臣アブナイゾウ」と紹介され、頭に拳大より大きめなアブの作り物を付けて、質問者の質問をはぐらかし続ける、愚劣な漫才のような答弁を展開する。

さらに、国会中継をもじった「滑稽中継」なる映像では、麻生太郎副総理に扮する人物が、「副総理大臣　無愛想太郎」とのテロップで紹介され、唇を極端に曲げたしかめ面で、しきりに質問者の揚げ足取りをするという内容である。

世界中に武漢肺炎の感染が拡大し、放送時点で二十万人以上の死者と三百万人の感染者が出ていた。我が国でもその動静に気の抜けない状況が続き、不気味な自粛の静寂と迫り来る深刻な経済不況の恐怖の中で、国民各層がそれこそ息を殺して耐え忍んでいるその時も時、ＮＨＫは自国政府を馬鹿にした、かくも下劣で不真面目極まりない番組を放映したのである。

ゲストとして出演した在日コリアンが、日本の差別社会を糾弾したり、左翼運動家の日本批判を披瀝したり、これほど場違いな企画でＮＨＫは何が言いたかったのか。この番組の根底に、首相主催の「桜を見る会」に対する批判があることは自明だが、かかるテーマの選定と言い、政府をからかうふざけた誹謗中傷は、公共放送の使命などとはほど遠い、悪ふざけとしか言い得ぬものであった。

他人の名前や仕草や風体、あるいは漢字の読み間違いなどをからかうことが、政権に対する批判であるとＮＨＫは考えているのであろうか。政権に対する非難や批判はあっても良い。否、自由主義国家である以上、政府・政権に間違いがあれば、あるいは異論があれば、いかなる痛烈な批判があっても良いし、むしろあってしかるべきものであろう。しかし、悪意を持って政治家個人をからかうＮＨＫのこうした報道姿勢は、切磋琢磨を通じてより良き世の中を築くための、政権批判などとは縁もゆかりもない、質の悪い子供の、レベルの低いいじめや悪ふざけの域を出ない代物であった。

今回のこの番組もまた、受信料制度という特権的な収益強制徴収制度の上にあぐらをかき続けるＮＨＫが、自らの組織理念と組織機構および組織風土を、見事なまでに劣化させている実情を、余すところなく露呈していた。

2　傲慢不遜な犯罪組織ＮＨＫ

以下に見るように、ＮＨＫの組織体としての乱れと、職員の放蕩ぶり、さらにやりたい放題の犯罪行為は、完全に世の中をなめきっているとしか言い様がなく、こうした傲慢不遜な心理状態は、努力なくして雪崩れ込む大量の受信料収入が、法的に保証されているという特権意識に基づくものであると考えられる。この点からも、受信料制度は葬り去られなければならない悪制度なのである。

(1)ＮＨＫ組織・職員の体たらく

ＮＨＫの組織としての堕落、職員の体たらくも、政治的偏向に負けず劣らずの賑わいを見せているが、この問題はさらにいくつかのジャンルに分類できる。第一に経営体質の堕落、次にＮＨＫ職員の事件・事故、特に破廉恥罪の頻発に末期症状がよく現れている。経営体質の悪質さは、約三十にも登る関連子会社群が、有り余る受信料収入に群がり、ＮＨＫのブランドにぶら下がって、ＮＨＫ職員の天下り先として共生している実態に明らかである。ＮＨＫ全職員約一万人の平均給与額が、年収約千七百五十万円と試算される。人件費千七百五十億円は、平成二十三年度の受信料収入約六千八百億円の二十六パーセントにあたる。

三割近い人件費も、誠実な職員による公正な番組が配信される限りにおいては、決して非常識な数字ではないかも知れない。しかし、すでに論じてきたように、番組の公正とはＮＨＫにおいてはもはや死語と言って良く、以下略述する不祥事の百鬼夜行は、高額人件費を到底説得できる姿ではない。

例えば、平成十九（二〇〇七）年九月には、元来余剰利益を上げてはならない特殊法人たるＮＨＫが、関連団体に八百八十六億円もの余剰金を退蔵していることが発覚し、会計検査院によって改善が求められている。

また、翌平成二十（二〇〇八）年一月には、複数のＮＨＫ職員による株式のインサイダー取り引きが発覚、三名の懲戒免職者を出す事態となっている。市場一般への告知前に、個別企業や政府の経済政策等の経済情報を、入手する立場にある報道関係者によるインサイダーは悪質だが、特に受信料で成り立つＮＨＫの職員インサイダー取り引きは、道徳的腐敗を良く表している。

職員ばかりではない。同じ時期、ＮＨＫ経営委員会委員の経営する企業が、七年間で一億五千万円の所得隠しをしていた事実が明るみに出るとともに、さらに同年五月にはＮＨＫの消費税十三億円の申告漏れが露見した。

平成二十一（二〇〇九）年七月には、ＮＨＫ退職者に支給する企業年金の一部が、あろうことか受信料収入から補填されていた事実が明らかになった。その額たるや、平成十九年度百億円、平成二十年度百二十億円である。

(2)ＮＨＫ職員の刑法犯罪

ＮＨＫ職員が起こした事件事故にまつわるもので、特に悪質性が高いもののみをピックアップしてもかなりの数になることに、改めて驚きを禁じ得ない。

松平定知アナウンサーが泥酔した上、些細なことでタクシー運転手に暴行を加えて、降格処分を受けたのは平成三（一九九二）年四月のことであったが、その後同アナウンサーはいつのまにか主要番組に復帰して、反日偏向番組の解説に勤しむようになっている。

以降、綱紀粛正を公言しながら、ＮＨＫ職員の公徳心は腐敗の一途を辿っているとしか考えられない。なぜなら、その後のＮＨＫ職員による刑法犯罪は、例えば大麻取締法違反、交通死亡加害事故、元妻の遺体損壊事件、現住建造物放火事件、覚醒剤取締法違反、無免許運転など、平成十年代だけを検証してみてもこれだけの犯罪がある。

平成二十年代も相変わらずで、覚醒剤取締法違反、不発弾の不法所持、窃盗、飲酒運転加害事故、無免許運転、主婦の死体遺棄事件、引っ越し荷物の置き引き、泥酔の上タクシー運転手に暴行、といった有様である。

こうしたＮＨＫ職員の犯歴は、反省云々の次元ではなく、ＮＨＫの組織的風土としての問題であると考えざるを得ない。それは、ＮＨＫという組織に特有な組織の体質・気質の問題なのである。それは、第一にマーケティング努力に基づく営業利益に依存しない、受信料徴収権の上に安住する特権意識、視聴者に対する顧客意識を失った傲慢な姿勢に基づいている。

第二に、大メディアとして世論形成の主導権を握っているという、不遜な思い上がり体質である。現に、大メディアは世論形成の実権を握っていると言っても良い。そうした現実が、止めどなくＮＨＫ職員の思い上がりを助長してゆく。第三に、ＮＨＫが不健全な思想に汚染されていることである。日本人でありながら日本を否定し、日本の伝統と文化を転覆させようとする主義主張に心酔し、自らの生きる社会の基本構造を破壊することによって、自らの重要感を最大限に実感したいという病的嗜好に取り付かれている気質である。視聴率によっては、一気に数千万の人々に自己主張ができる、カメラの前の空虚な人間が、陥りやすい安易な自己顕示欲発露への道である。

創ることとは、壊すこととは桁違いの能力と努力を要する。しかるに、破壊は創作よりも人々にとって衝撃的なものである。だから、創る能力に欠けるものは、壊す方に力を使おうとするのである。一般企業であれば倒産につながりかねない程の、NHK職員のおびただしい犯罪行為は、かかる破壊嗜好の気質と決して無縁ではない。

(3)NHK職員の破廉恥罪

破廉恥犯罪は、NHKのお家芸と言っても良い。世間の一般常識を省みないNHK職員による、破廉恥なわいせつ犯罪の頻発も、やはりNHKの傲岸不遜な特権意識の賜物という他はない。

平成十八(二〇〇六)年以降、七年間の事例を見ただけでも、児童売春禁止法違反、電車内での痴漢行為・強制わいせつ罪(五件)、路上わいせつ行為、イベント会場でのわいせつ影像放映、女性のスカート内盗撮(三件)、盗撮目的の不法侵入、といった賑やかな犯歴となっている。ＮＨＫが、ニッポン・ハレンチ・キョウカイと揶揄された所以である。

もし仮に、一般の民間企業がこのように破廉恥罪を頻発させたら、どうなるであろうか。破廉恥罪のみならず、前述の悪質な刑法犯罪を合わせて考えると、まず企業イメージの低下は必至で、それは売り上げの低下に直結するし、また有能な人材のリクルートにも悪影響が出る。有能な人材が不足すれば、それはさらなる企業業績の悪化という形で、累積的なダメージの悪循環に陥ってしまう。故に民間企業にとって、綱紀厳正なることは正に死活的重要性を持っている。

しかしＮＨＫの場合、組織イメージの低下はただちに収益減少には繋がらない。もちろんそれは、受信料の強制徴収権のおかげである。したがって、組織イメージの低下によって有能な人材が不足しても、業績は当面痛手を被らず、人材枯渇と業績悪化の悪循環を免れるように見える。

ところが、人材と組織業績との相互連携の欠如は、劣った人材による不祥事を増大させ、益々人材の劣化が進むという別種の悪循環をもたらす。これが現在のＮＨ

Kの姿なのではないだろうか。いわば業績悪化という早期警戒装置を持たない特殊法人は、組織的病巣を膏肓に至らしめ、のっぴきならない組織崩壊の最終段階を迎える性質をもっている。

平成十六（二〇〇四）年から平成二十九（二〇一七）年までの十三年間に、詐欺・横領・暴行・盗撮・窃盗・放火・強制わいせつ・強姦・殺人・死体遺棄等の悪質な刑事事件だけでも百件に及んでおり、年平均七・一件という驚くべき発生件数である。もし、ＮＨＫと同規模の従業員数一万人程度の企業（従業員数ランキングでは、二百九十位から三百位程度）がこれだけの事件を起こせば、企業の存続は確実に不可能となるに違いない。

底なしの堕落と頽廃《たいはい》の根底には、努力なくして垂れ流される莫大な受信料が保証される受信料制度があることは間違いない。

第二章　法廷闘争と最高裁判決

本章では、NHK受信料制度を支えている放送法六十四条〈令和元〈二〇一九〉年改正〉と、我々がNHKの放送が放送法に違反しているとして、不払い運動の正当性の論拠としている放送法四条を確認し、これまでの受信料を巡る裁判事例も紹介しておきたい。その中で、実際に裁判に持ち込まれる場合の経過と、それに対する対応策や時効の概念について説明する。また、平成二十九（二〇一七）年十二月六日に最高裁大法廷において、放送法六十四条に関する合憲判決が出されたが、この要点についても整理しておくことにしよう。

1　法的論拠

第四項を加える形で、令和元（二〇一九）年五月二十九日に成立した改正放送法六十四条は、次のように定めている。

・放送法第六十四条（受信契約及び受信料）

1　協会の放送を受信することのできる受信設備を設置した者は、協会とその放送の受信についての契約をしなければならない。ただし、放送の受信を目的としない受信設備又はラジオ放送若しくは多重放送に限り受信することのできる受信設備のみを設置した者については、この限りでない。

2　協会は、あらかじめ、総務大臣の認可を受けた基準によるのでなければ、前項本文の規定により契約を締結した者から徴収する受信料を免除してはならない。

3　協会は、第一項の契約の条項については、あらかじめ、総務大臣の認可を受けなければならない。これを変更しようとするときも、同様とする。

4　協会の放送を受信し、その内容に変更を加えないで同時にその再放送をする放送は、これを協会の放送とみなして前三項の規定を適用する。

NHKが、この六十四条を論拠として視聴者の受信契約の締結と、受信料の支払いを迫っていることは、周知の通りである。これに対して、この六十四条が憲法に違反しているという意見が出ていた。詳細は省くが、違憲論の主な論拠は、契約の自由に反するというものや、ＮＨＫとの契約を拒否するためにはテレビを廃棄しなければならず、そうすると民放も見られなくなるから、国民の知る権利を阻害するといった論理がある。

こうした放送法六十四条違憲論に対して、これまで地裁・高裁などの下級裁判所では、全て合憲判決が出ており、違憲と判断する判決は一度も下されたことがない。そういう意味では、平成二十九（二〇一七）年の最高裁判決は、特段に画期的なものではない。これまでの下級裁判所の合憲判決を権威付けたもので、違憲論争に決着を付けたわけである。

最高裁判決も、これまでの下級裁判所の合憲判決でも、合憲判断の論拠は同様であり、「全国あまねく良質な放送サービスを普及させるためには、安定した事業収入が不可欠であるから、受信契約と受信料制度を定めた放送法六十四条は、公共の福祉に適っており合憲である」という主旨である。ここで裁判所の言う「良質な放送サービス」とは、ブレのない鮮明な画面とか、切れ間のない音声などのレベルでの良質さを意味しており、要するにテストパターン・レベルの画質や音質を言っているに過ぎず、放送内容について語っているわけではないと考えるべきであろう。

しかるに、我々が問題にしているのは、反日的に偏向した放送内容や、事実を曲げてまで反日報道を繰り返す報道姿勢が、放送法四条に明らかに違反しているという点である。画質や音質を問題にしなければならなかった時代は、とうの昔に過ぎ去っていると言って良い。

オリンピックや世界選手権の度に、韓国選手が優勝したときは、表彰式から韓国旗を羽織ってのウィニングランまで映しながら、日本選手が優勝したときには、表彰式をカットしたり、君が代が吹奏されている間、国旗を映さずにずっと競技場の天井を撮っていたりする、こうした報道内容に対して、とても受信料を支払うに値しない放送内容だと主張しているのである。

さて、我々が重視している放送法四条（第一項）は、以下のように定められている。

・放送法第四条　放送事業者は、国内放送及び内外放送（以下「国内放送等」という。）

の放送番組の編集に当たっては、次の各号の定めるところによらなければならない。

一　公安及び善良な風俗を害しないこと。

二　政治的に公平であること。

三　報道は事実をまげないですること。

四　意見が対立している問題については、できるだけ多くの角度から論点を明らかにすること。

前章第一節で紹介したＮＨＫ番組が、この放送法四条に違反していることは明らかである。故に、我々はこれを論拠として受信料支払い拒否の運動を展開している。次節において、ＮＨＫから受信料の不払いや受信契約拒否に対して、訴訟に持ち込まれた裁判事例をいくつか紹介したい。裁判の焦点がどこにあるか、そして将来の法廷闘争の行方を予測するために、裁判事例の検証は、必要不可欠であると考えるからである。

2　ＮＨＫ裁判の実情

「一般社団法人メディア報道研究政策センター」は、前身である「昭和史研究所」及び「ＮＨＫ報道を考へる会」を継承して、平成二十二（二〇一〇）年に設立された。以下の裁判事例は、いずれも当センター会員が被告ないし原告となって、ＮＨＫと争った裁判である。

⑴ 会員Ｍ氏の裁判事例

Ｍ氏への受信料請求裁判は、平成二十四（二〇一二）年十月に東京地裁ではじまり、同二十五（二〇一三）年八月に判決が言い渡された。東京地裁の判決では、受信料請求について五年間の時効を認め、五年間の受信料と遅延損害金および訴訟費用の支払いをＭ氏に命じている。

以下、Ｍ氏（メディア研会員）側の主張を要約すると、ＮＨＫに受信料の強制徴収を認めた放送法六十四条が、契約の自由や知る権利の制限に繋がり、憲法違反ではないかという主張であるが、特筆すべきは「NHKの放送内容が余りに偏向し、事実を曲げて報道している番組や、論争のある問題における両論併記が十分でなく、放送法四条に違反しているので、受信契約を解除して受信料支払いを停止した」という主張、および「スクランブル放送によって、実際に受信している者にのみ課金することが技術的に可能なのに、それをせずに一律に受信料負担を強いるのは憲法違反である」という二点が含まれていたことである。

これに対する地裁判断は、おおむね以下のように要約される。まず、「放送法六十四条が契約の自由などをある程度制限するとしても、（全国あまねく良質な放送サービスを提供するという）公共の福祉のためであるから、憲法に違反しない」。

東京地裁の判決では、被告側の陳述で問題にされたNHKの番組内容については何も言及せず、ただ「公共の福祉」とか「公的放送の責務」といった文言が連発されている。判決文の理由記述として、ほとんど唯一の論拠と言ってもよいほどに連発される「公共の福祉」とは一体何なのか。日本選手の表彰式をカットし、韓国選手はウィニングランまで映す放送の一体どこに、「公共の福祉」があるのか。歴史資料を改竄してまで事実を曲げ、日本の名誉を貶める反日偏向報道の一体どこに「公的放送の責務」があるというのか。

さらに驚くべきは、スクランブル放送を巡る以下のような判決である。

「ＮＨＫの受信を希望する者にだけ課金した場合、ＮＨＫの財源が不足し、公共放送を国民に保障できなくなる可能性が想定される。そうすると、公共的放送の享受を国民に保障するための放送法六四条一項は、財産権の制約として公共の福祉のために合理的な限度を超えるものとはいえない」。

この判決は、事業者としてのＮＨＫに対して、事業者として当然あるべき自助努力の必要性を免除するような異様な判断と言う他ない。スクランブル放送などの新技術で、ＮＨＫを見たくない人を排除して受信料徴収が制限されると、ＮＨＫの収入が減って公共放送の維持が困難になるから、受信料を強制的に徴収する現行制度は必要だという。

放送業者に限らずおよそ事業体たるものは、自己の事業経営存続のために一定の顧客を確保すべく、多様なニーズに応えながら新機軸を模索する自助努力を怠ってはならないはずである。しかるにこの裁判所判断では、NHKの事業存続のためには法的拘束によって事業収益を上げてもよいとされる。これでは、NHKの偏向番組も法外に高額な社員給与も、改善の見込みはないと言わなければならない。

受信料収入が減っては困るなら、減らないようにまともな番組を作る努力をする、事業者としてこんな当たり前のこともしなくてよい、法律で取り立てを義務づけておけばよいと、東京地裁は言っているのである。

要するにこの東京地裁判決では、視聴者に課せられた義務を規定する六十四条は擁護されるが、放送業者に課せられた義務を規定する四条は不問に付されている。公正な放送を義務づけた四条を不問に付したまま、受信料支払いという視聴者側の義務規定のみを擁護する裁判所は、明らかに公正中立に反している。

M氏の控訴審判決

平成二十五（二〇一三）年十二月二十六日、東京高裁は、上記東京地裁判決を支持しM氏の控訴を棄却したが、高裁判断として次の様な注目に値する判断を付加しているので、以下この高裁判断を記述しておく。

「控訴人（M氏）が、被控訴人（NHK）の価値観を編集の自由の下に国民に押し付けるのであれば、国民の思想良心の自由を侵害することになる旨を主張するところは、検討に値する点を含むというべきである。被控訴人（NHK）が、一方で、公共の福祉に資することを理由に放送受信契約に基づく受信料を徴収し、他方で、編集の自由の下に偏った価値観に基づく番組だけを放送し続けるならば、放送受信契約の締結を強制され、受信料を負担し続ける国民の権利、利益を侵害する結果となると考えられるのであって、放送法は、そのような事態を想定していないといわざるを得ない。したがって、そのような例外的な場合に受信設備設置者である視聴者の側から放送受信契約を解除することを認めることも一つの方策と考える余地がないではないといい得る」。

　本件の場合においては、「放送受信契約の解除を認めるのが相当であるとまでは解されない」として、M氏側の控訴は棄却されているが、NHKの番組内容について偏向番組がしばしば放映されるならば、視聴者側からの受信契約解除の合理性も認められ得るとの高裁判断は、極めて画期的なものと言ってよい。

こうして世の中は動いてゆくのである。今後我々は、反日偏向の程度の過激さと、頻度の頻繁なることの両面から、ＮＨＫの偏向度の高さを裁判所において実証してゆかなければならない。

(2) 会員Ｓ氏の裁判事例

当然ながら受信料不払いをめぐるＳ氏裁判は、前掲のＭ氏裁判の争点と重複する点が多い。したがって、以下では争点を要約して論ずるとともに、本件の特徴と言えるＮＨＫ放送内容に踏み込んだ争点を中心に検討してみよう。

本件で特徴的な被告側主張は、「ＮＨＫの番組は、放送業者に公正な放送を義務づけた放送法四条に違反しているのだから、受信料支払いを拒否するのは当然である。ＮＨＫの放送番組の中に、内容があまりに偏向し、事実を曲げ、意見が対立している問題について一方的な見解だけを述べるなど、放送法四条に違反したものが少なくなかったので、受信料支払いを停止した」という論理である。

これに対し、東京地裁は以下のような判断を示した。「受信者は、ＮＨＫの放送内容のいかんに関わらず、受信料を支払わなければならない。ＮＨＫの放送番組が放送法四条に違反したものであることを認めるに足りる証拠はないし、放送法四条の定めるＮＨＫの義務は、個々の契約者との間において、放送受信料の支払い義務と対価的な双務関係に立つものではないから、受信者はＮＨＫの放送内容を理由に放送受信契約や受信料支払いを拒絶することはできない」。

この地裁判断の問題点を整理してみよう。第一に、東京地裁はＮＨＫが公正な放送を定めた放送法四条に違反した証拠がないと言っているが、我々メディィ研は歴然たる偏向反日番組のビデオを保管している。今後この証拠物件を駆使して、ＮＨＫの四条違反を立証できるものと考える。

第二に、放送法四条が受信者に対する対価的双務関係を規定するものではないという点について、この判断は消費者主権と事業者の社会的責任論を否定する見解と言わなければならない。例えば、単に放送内容が気にくわないとか、出てくる俳優が嫌いな者ばかりだからといった理由では、不払いの論拠にはなり得ないであろう。

しかし、明らかな資料の改竄、事実の歪曲に基づく報道は、不払いの論拠たり得るはずである。この意図的で悪質な反日偏向報道の事例については、すでに前章で説明してきた通りである。ねじ曲げられた報道によって被害を受けるのは、言うまでもなく視聴者である。この視聴者を差し置いて、一体NHKは誰に対して公平正確な報道義務を負うというのであろうか。

今なお事実無根の慰安婦強制連行をめぐる喧しい反日キャンペーンと、濡れ衣による国際社会における日本国の名誉毀損状況に対して、NHKは責任がないとでも言うのであろうか。慰安婦募集における、悪質な業者を取り締まれという日本軍の通牒文を、悪質な連行をしてでも連れて来いと命じた証拠が見つかったと報道したNHKの、一体どこが公正なのか。この悪質極まりない改竄について、視聴者個々人に対する責任が、NHKにないはずはない。

放送法四条に歴然と違反するNHKに、同じ放送法を論拠に六十四条のみを振り回して受信料を徴収することはできないはずである。それは、論理的に破綻した自己矛盾に他ならないからである。

要するに地裁判断では、とにかくテレビを持ったら有無を言わさず、番組内容にも関係なく、黙ってNHK受信料を支払わせる権限が、NHKには与えられていると解釈されるわけである。このような裁判所判断を、我々は絶対に承伏できない。

S氏の控訴審判決

S氏の控訴審においても、東京高裁は東京地裁判決を支持し、控訴を棄却している。NHKは東京地裁の受信料支払いの消滅時効五年の認定を不服とし、時効十年を主張して控訴していたが、高裁判決でも時効五年が認められたことになる。

焦点は、受信料債権が民法百六十九条の定める五年の短期消滅時効に合致するか否かにあったが、合致しないとして時効十年を主張していたNHKの言い分は斥けられた。つまり地裁判断に続いて、受信料債権は民法百六十九条が五年の短期消滅時効を定めた趣旨に合致するとの高裁判断が下されたわけである。

平成二十六（二〇一四）年、最高裁は受信料の消滅時効を五年とする判決を下した。これによって、時効論争は決着したが、次節で述べるように、その時効の発生時期に関する最高裁判決は不可解であり、実際上莫大な受信料を請求される危険性はまだ残っている。これを回避するためには、一種特別なＮＨＫ対策が必要とされる。

(3) 会員Ｔ氏の裁判事例

Ｔ氏裁判の焦点は、以下の二点である。第一にＮＨＫとの受信契約がいつどのようにして成り立つかに関する司法判断であり、第二はＮＨＫの偏向反日報道が公共の福祉に反するのではないかという点である。

まず、被告側主張は「契約の自由」などの観点から、放送法六十四条一項の憲法違反を訴えたが、地裁は例の如く「放送法六十四条一項は、公共の福祉のために、あまねく日本全国に於いて受信できるように豊かで、かつ善い放送番組による基幹放送を行うとともに、放送及びその受信の進歩発達に必要な業務を行い、……全体として公共の福祉に適合する健全な発達を促す総合的な体制を確保しようとしたものであるから、憲法に違反しない」との判決を下した。

次に、被告側は「ＮＨＫとの受信契約は、当事者間の合意に基づく契約締結を以て成立する。民法上契約は、申し込みと承諾の意思表示の合致によって成立する（民放五百二十一条以下）から、受信機設置時点で自動的にＮＨＫとの契約が成立すると見なすことはできない」と主張した。

これに対し、東京地裁は「ＮＨＫとの受信契約は、テレビの設置と同時に成立すると見なすことができる。放送法六十四条一項（協会の放送を受信することのできる受信設備を設置した者は、協会とその放送の受信についての契約をしなければならない）は、受信料の支払に係る潜在的かつ抽象的な債権債務関係は受信機設置の時点で成立することとした上で、放送受信契約の現実の締結（成立）によって放送受信契約関係を具体的に確定し、受信料の支払いに係る具体的な債権債務関係もまた受信機設置の時点に遡って確定することを前提とした規定であると解するのが相当である」との判断を下した。

さて、ＮＨＫの番組内容について、被告側は「ＮＨＫの放送は反日的で偏向しており、受信料の支払いに値しない。ＮＨＫの報道は、我が国の歴史や祖先の事績に対し著しく公平性を欠き、到底公共放送として容認できない域に達しており、放送法に適合しない放送をしているＮＨＫに対して受信料支払い債務を負わない」と主張した。

これに対し東京地裁は、「偏向報道は、受信料制度を支える基盤を毀損するが、放送番組が放送法の理念に適合しているか否かは、受信料支払い債務に影響を与えない。視聴率にとらわれない多角的視点を踏まえた真に「豊かで、かつ良い放送番組」が放送されていないと認識するに至った場合には、受信料制度を支える基盤の一つが失われることは明らかというべきであるが、ＮＨＫの放送する番組の内容が放送法の理念に適合しているかどうかは、個々の受信機設置者との関係で、放送受信契約に基づく受信料支払い債務の発生の有無に影響を与える事実ではなく、被告の上記主張は失当である」との判断を示した。

上記地裁判断でも、相変わらず司法はＮＨＫの受信料制度について、公共の福祉を論拠に正当化する姿勢を保っている。これについては、繰り返し主張するように、資料を改竄し事実を曲げて報道し、日本の名誉を著しく傷つける番組をあまねく全国に放送することが、なぜ公共の福祉に貢献する事業と言い得るのか、全く理解に苦しむと言うしかない。

特に、東京地裁はＮＨＫとの受信契約がテレビを設置すると同時に、自動的に成立するという驚くべき判断を示しており、ＮＨＫ側の契約締結に向けての視聴者に対する営業努力や説得、あるいはクレームに対する真摯な改善努力などの一切を不要と断じているも同然である。前述のＳ氏裁判と同様、番組内容に関係なく、テレビを買った以上受信料を支払えという主旨の判断であり、到底容認できない。

いかなる事業者においても、顧客との契約締結に向けて、ニーズに即した財・サービスの提供を心がけて改善努力を行い、顧客の説得に努めるのが、自由主義市場社会おける当然の事業努力である。いかに公共の福祉を前提にしても、ＮＨＫのみがこうした事業努力を全く必要とせず、視聴者のテレビ購入と同時に自動的に契約成立が認められるという司法判断は、ＮＨＫの真摯な改善努力を未来永劫絶望的に毀損し、自由市場社会のメカニズムを根底から覆す破壊的解釈と言わなければならない。

ただし、同時に今回の地裁判断では、偏向報道が受信料制度を支える基盤を毀損することを認めた点は、明らかに一歩前進と考えてよい。というのは、M氏裁判ではNHKの偏向報道に関する被告側主張に対して、地裁は何ら言及しておらずこれを無視している。S氏裁判では、NHKの偏向放送の証拠がなく、また受信料は番組内容に関係なく義務づけられていると述べている。

これに対して、T氏裁判では、偏向放送があればそれは受信制度を支える基盤が明らかに毀損されるとの判断を示しているからである。これはM氏裁判の東京高裁判断と並んで、明らかな前進である。これから先、NHKによる明らかな捏造・改竄の事実を法廷審議の俎上に載せてゆくべきであろう。

3　最高裁判決の要点

平成二十九（二〇一七）年十二月六日、最高裁判所は大法廷において、NHKの映る受像器を設置した場合、NHKとの受信契約を結んで受信料を支払わなければならないと定めた、放送法六十四条を合憲とする判決を言い渡した。

ＮＨＫはこの合憲判決を受けて、ＮＨＫの全面勝訴を吹聴し、受信契約の締結と受信料支払いの強要を加速させている。しかし、この判決はＮＨＫが喧伝するようなＮＨＫ側の全面勝訴などではない。以下、判決内容を精査してその意味を検討してみよう。この裁判は、ＮＨＫとの受信契約を拒否し、受信料支払いを拒むメディア報道研究政策センターの会員と、ＮＨＫとの間で争われた裁判である。

⑴最高裁判決の意味

最高裁大法廷における判決の要点は、以下の五点に要約することができる。

①ＮＨＫとの受信契約を強制する放送法は、憲法に違反しない。

②受信契約はＮＨＫ側からの契約申請通知だけで自動的に成立せず、受信者の承諾が必要である。

③任意に契約を承諾しない受信者には、裁判によって承諾するよう命令する判決を下すことができる。

④契約はその判決時に成立するが、受信料の支払い義務期間はテレビの設置時に

まで遡る。

⑤受信料の消滅時効は五年だが、時効は契約成立時から進行する。

以下、これらの判決要点について、その意味を検討してみよう。

第一の点については、これまで地裁でも高裁でも、放送法六十四条について違憲判決を下した下級裁判所の判決は一つもないので、この度の最高裁判決は特に画期的な意味を持つものとは言えない。いわば単に、これまでの司法判断に最終的な決着を付け、権威付けをしたに過ぎない。しかしながら、放送法六十四条を違憲であるとする様々な見解を全否定した意味は大きい。ただし、放送法六十四条を巡っていかに広い論争の余地があったか、司法においてその論争を真摯に検討した試しがあったのかについては、知っておかねばならないであろう。

第二の点については、NHK側が敗訴していることを銘記されたい。NHKは、長い間NHKとの受信契約は「テレビを買ったと同時に成立する」とか、「NHKが受信契約のお願いを申請した段階で自動成立する」などと主張してきたからである。実際、東京地裁においてＮＨＫとの受信契約はテレビを買った時点で自動的に成立するとか、あるいは東京高裁においてＮＨＫからの契約申請送達から二週間で、受信契約が自動成立するという判決が出たこともある。

今回の最高裁判決は、かかるＮＨＫ側の主張を全面的に否定し、契約には受信者の承諾が必要であると述べている。この点では、ＮＨＫは明らかに敗訴している。ＮＨＫがこの受信契約を拒否する受信者との契約を結びたければ、どうすれば良いか。その点に言及したのが、次の第三の要点である。

第三の要点は、ＮＨＫを受信できる受像器を持ちながら、自分勝手な理由でＮＨＫとの契約を拒否しているような場合に、ＮＨＫがどうしてもその受信者と契約を結びたければ、裁判に訴えなければならないという点にある。つまりＮＨＫは、受信契約を拒否する人との契約にこぎ着けるためには、裁判という手間を省くことができない。この判決も、今回の合憲判決をＮＨＫ側の全面勝訴などとは、とても言えない部分である。ただし裁判になれば、これまでの受信料不払裁判において百パーセントＮＨＫが勝っている判例からして、ＮＨＫの勝訴は確実と見なければならない。だが、受信料契約を承諾させるためには、裁判という手続きを踏まなければならないとした判決が、ＮＨＫに課する負担は相当に大きいと言えよう。

ここで考えたいのが、「ＮＨＫの番組内容が、事実を曲げない公平な放送を義務づけた、放送法四条に歴然と違反しているから契約しない」という理由が、果たして「任意に契約を承諾しない」場合に該当するのかどうかという点である。我々メディア報道研究政策センターが主張しているのは、決してＮＨＫの番組が気に入らないからというものではない。明らかに事実を曲げた報道がある、あるいは非常に偏った放送があるという点を主張しているのであって、好き嫌いのような任意の主張ではないからである。

この点を追及していけば、今後裁判審理の俎上に具体的なＮＨＫの番組内容が載せられるときが来るかも知れない。その時こそ我々は、自らが放送法四条に違反しながら、視聴者には放送法六十四条を守れと主張する、身勝手なＮＨＫの要求の矛盾を突くことができる。つまりＮＨＫは、放送法の中から自分に都合の良い条文だけを振り回しているのである。

第四の要点は、ＮＨＫとの契約以前にまで受信料の支払い義務があるという点にある。これは極めて不可解な判決である。契約が成立していなくても、テレビを設置した時点から受信料の支払い義務があるというのであれば、一体何のための契約なのであろうか。

最高裁は、第二の要点にある如く、受信契約はＮＨＫ側からの一方的な契約申請だけでは自動的に成立せず、受信者側の承諾が必要であると述べながら、受信料支払いの義務は、契約が成立していなくても、テレビを設置したら自動的に発生すると言っている。この判決は、次の第五の要点と併せて考える必要がある。受信料支払いには、消滅時効があるが、この第四の要点と第五の要点を考え合わせると、その消滅時効が実質的になくなってしまう危険がある。

第五の要点は、受信料の消滅時効は五年であるが（平成二十六〈二〇一四〉年九月五日最高裁判決で確定）、時効の進行は契約成立時から始まるという点である。つまり、契約が成立していない間の受信料不払期間に対しては、時効がはたらかないというのである。この判決の論拠としては、契約が成立していない以上、ＮＨＫは受信料の取り立てをするすべがなく、したがって時効の進行はあり得ないというものである。

しかし実際にＮＨＫは、受信契約と同時に受信料支払いを求めてくるわけで、契約が成立していない以上受信料の取り立てのすべがないというのは、誠におかしな話である。ＮＨＫは、実質上受信契約と受信料支払いを同時に要求しているのであるから、未契約の世帯に対しても受信料支払いを求めており、受信料取り立てのすべがないなどと言うことは言えないはずである。これは、実質上受信料の時効を無いに等しいものにしてしまう判決と言ってもよい。

というのは、この第五の要点と前項第四の要点を、組み合わせて考えてみるとわかりやすい。例えば、三十年前からテレビを設置して見ていたが、ＮＨＫとの受信契約を結んでいなかったとする。ＮＨＫの執拗な自宅訪問に推されて、例えば今年契約を結んだとする。受信料の消滅時効は五年であるが、契約を結んでいなかった過去三十年間に関しては、時効が進行していないから支払い義務があると言うことになる。その支払額は、延滞金などを含めれば、優に六十万円〜七十万円を超えるに違いない。延滞金の計算方法によっては、もっと高額になるかも知れない。

今年契約したとすれば、時効は今年から進行する。だからもし、この先七年間受信料不払をすると、最初の二年分は時効で消滅する。この第四と第五の要点にかかる判決によれば、受信契約を拒み続けるよりも、契約はできるだけ早く結んで、その後受信料の不払で対抗した方が良いという結論になる。

あるいは、別の対抗策としては、何十年も前からテレビを持っていたという事実は、証明のしようもないのであるから、契約時点で今あるテレビは去年買ったが、それ以前にテレビはなかったと強弁する方法がある。ＮＨＫ側が、どうしても持っていたはずだというならば、それを証明しなければならないのはＮＨＫの方だからである。

実際、六十万円とか七十万円とかの受信料請求をされた事例もある。ちなみに、ＮＨＫとの契約は何も正式な契約書にサインしたり、印鑑を押したりする必要はない。一度でも受信料を払えば、その時点で契約は成立する。つまり、受信料を支払ったという行為自体が、受信契約に合意したことを意味するからである。

したがって、何十年前からテレビがあったが受信料を支払っておらず、契約を結んだ覚えがなくとも、何十年か前に一度でも受信料を払っていれば、その時点で契約は成立していることになる。そうすると、その時点から時効は進行しているから、直近の過去五年分の支払い義務しかないということになる。だからもし、NHKから過去三十年にも及ぶ請求が来たら、三十年前に受信料を一度払ったことがあると強弁するのも一法である。

最高裁大法廷に弁護団として出廷した、メディア報道研究政策センターの理事弁護士たちはこの問題について、最高裁はこうした判決を出したからといって、NHKが百万円近い請求をすることは実際上あり得ないと考えているのであろうと話していた。しかしながら、実際に六十万円の請求を受けた人もいるし、第一実際にあり得るかどうかを別として、法論理的に大きな問題が生じる可能性について考えるのが法律家の責務なのではないか。

例えば法律に無知な老夫婦が、いつからテレビがあったかという質問に正直に答えたばかりに、いきなり百二十万円請求されるなどというケースが頻発したとしたら、最高裁は一体どう責任を取るというのだろうか。

⑵ 放送法六十四条改正の意味と今後の対処法

放送法六十四条に第四項が付加され、NHKを受信できる受像器であれば、テレビ以外でもスマートフォンやカーナビ、パソコンなどを持っていれば、NHKとの受信契約を結び受信料を支払わなければならないことになった。これは、総務省によるNHKのインターネット配信の許可と一体のものであることは、言うまでもない。

ただし、すでにテレビで受信料を支払っている一般世帯は、新たに受信契約や受信料が課されることはない。問題なのは今までテレビがないなどの理由で受信契約を免れていた世帯で、パソコンやスマホなどを持っていれば受信契約を結ばなければならず、受信料を払わなければならなくなる。これまで、メディア報道研究政策センターでは、NHKが映らなくなるアンテナを開発・販売して受信料不払運動を続けてきたが、この六十四条改正によってこの作戦も再考を迫られている。

これまでＮＨＫを受信できない受像器については、かつて「着脱可能なものは無効」との政府見解があったので、我々は着脱のできないアンテナと一体になった、ＮＨＫ電波の遮断器を作ってきた。しかし、たとえテレビでＮＨＫが映らないとしても、スマホやカーナビ、パソコンなどにＮＨＫが映れば、受信契約と受信料支払いの義務が生じてしまう。

これに対抗するためには、スマホやパソコンなどにも、ＮＨＫの電波を遮断する装置を着脱不可能な形で組み込む必要がある。あるいは、ＮＨＫには家宅捜索や荷物検査・身体検査の権限があるわけではないので、スマホもパソコンも持っていないと強弁すればよい。しかし、カーナビの場合には、自動車が車庫に入っていない限り外から見えてしまうから、駐車するときには面倒でも取り外しておくという方法もあり得る。

契約者が居住していない「事業所」の場合には、今回の放送法改正を杓子定規に適応すれば、事業所の保有するスマホやパソコン、カーナビなどに台数分の受信契約と受信料が課せられることになる。これまでも、ホテルなどの事業所では、本来全室に備えてあるテレビに受信契約と受信料支払いの義務が課せられていたわけだが、実際には全テレビ台数の五十数パーセントとか、三十数パーセントなどの範囲で運用されているのが一般的である。しかしこの運用は恣意的で、ＮＨＫ側のいわば目こぼしにすぎない。

今後、ホテルなどの契約パーセンテージなどと共に、ＮＨＫの恣意的判断に依らない事業所の受信料減免比率に関する明確な法的基準の設定が、今回の放送法改正によって益々必要となるに違いない。

最高裁の短い判決の中で、裁判長は何度かすでに下級裁判所の判決でも決まり文句となっている「受信料の公平な負担に基づく」とか、「良質な放送を全国あまねく受信できる公共の福祉」とかの語句を用いた。良質な放送とは何か、かつて放送法ができた昭和二十年代のように、映像や音声が途切れない放送のことを言っているのか。そうだとすれば、時代錯誤も甚だしいと言わなければならない。そうではなく、我々は歴然と放送法四条に違反する放送内容のことを問題にしているのである。

第一章で列挙したような反日偏向番組が良質な放送であるとは言えず、そんな番組が「全国あまねく受信できる」事態は、決して公共の福祉に貢献しないはずである。我々は今後、自由市場経済と消費者主権の立場から、見たくない人は受信料を払わなくて良いが、受信料を払わない人にはＮＨＫが映らないというスクランブル放送を、ＮＨＫ自身が進めるべきであるという主張を展開してゆこうと考えている。

第三章　一問一答「対策マニュアル」

ＮＨＫの反日偏向姿勢に嫌悪感を抱き、受信料支払いを拒否する場合、受信契約拒否の段階と契約後の支払い拒否とでは、厳密に言うと内容に違いがあるが、拒絶の理由を述べて「ＮＨＫお断り」を宣言する手はずはほとんど同じであるといって良い。

以下、集金人やＮＨＫ職員が直接訪問してくるケースや、電話や文書による督促など色々な事例を想定して、一問一答形式で具体的な対処方法を解説してみよう。

問１

集金人が来て、「法律で決まっているのだから受信契約をして、受信料を払え」と言ってなかなか帰ろうとしないが、どうすれば良いか。

回答

ＮＨＫが主張する法的根拠は、放送法六十四条である（第二章第一節参照）。ＮＨＫは、同じ放送法の四条（同じく第二章第一節参照）で、公正中立な報道が義務づけられているのに、それを守っていない。自分たちが放送法を守っていないのに、視聴者にだけ「放送法を守れ」というのはおかしいという主張をするのが効果的である。実例を求められたら、第一章第一節で紹介した実際の番組を挙げて、問題点を指摘するのが良い。

また、集金人が大声を出したり、ドアに足を挟んで閉められなくしたりといった乱暴なケースも報告されているが、こういう場合には「お帰りください」と三回繰り返す。三回繰り返しても帰らない場合は「家宅侵入罪」が適用されるので、その旨を集金人に告げて、警察に連絡するのが良い。こういうときには、写真撮影や録音が重要な証拠になるので、カメラやレコーダー、あるいは携帯電話などの機器を準備しておくと良い。

要点は、放送法六十四条がＮＨＫ視聴者に対する義務規定であるのに対して、放送法四条は放送事業者に対する義務規定であるという点にある。つまりＮＨＫは、放送事業者としての義務規定に歴然として違反しながら、視聴者には義務規定を守れと強要しているのである。ＮＨＫは何かと言えば放送法を盾にとるが、放送法を守っていないのはＮＨＫの方である。放送法のうち、自分に都合の良い条文だけを振り回すのは止めなさいと言ってやれば良い。

いずれにしても、集金人には安易に印鑑を押したり、現金を支払ったりしない方が良い。「また来ます」と言われたら、「またどうぞ」と言ってやれば良い。何度来ても、毎回でも同じことを繰り返す気概が重要である。

問2
集金人に「先年、最高裁で放送法に合憲判決が出たから、法的な論争には決着が付いた」と言われた。

回答

確かに憲法論争には一応決着が付いたが、最高裁判決はＮＨＫの全面勝訴などではない（第二章第三節参照）。ＮＨＫはかねてより、受信契約はテレビを買ったら自動的に成立すると主張していたし、下級裁判所でそれが認められたこともあったが、最高裁は受信契約の成立のためには、受信者の承諾が必要であり、自動的には成立しないと判決を下している。したがって、NHKは受信契約を締結したければ、受信者を説得して承諾を得る努力をしなければならない。

しかるにNHKは、放送法四条に定める公正中立な放送に反して、反日偏向番組を放映してきた。故に、受信契約を結びたくないし、受信料の支払いも拒否する。この拒絶は、最高裁判決に言う「任意に契約を承諾しない」場合には当てはまらず、NHKの報道姿勢に論拠を持つ、正当な拒否理由であるから、NHKが納得しないというのであれば「法廷で争う」と言い返してやるのが良い。

要するに、平成二十九（二〇一七）年の最高裁判所の判決で、放送法六十四条の憲法論争については、合憲判決で決着したが、それによってNHKが四条違反の偏向番組を流しても良いという公認を得たわけでは断じてない。放送法四条違反の番組を放送することは明確な違法行為であるから、これを理由に受信契約と受信料支払いを拒否することは正当である。

問3　受信契約を結んだ覚えが全くないのに、ＮＨＫから受信料の請求が来るのはどういうわけか。

回答

過去に一度でも受信料を支払ったことがあれば、それは契約を承諾したものと見なされるので、その時点で契約が成立している。特に、契約書に署名や捺印をしていなくても、受信料支払いの事実をもって、その時点で契約は成立している。

最高裁の判例にしたがえば、契約時点から時効が進行するので、その最後に受信料を支払った時点から時効が始まっている。だからもし、仮に何十年分の受信料請求が来ても、最後に受信料を支払ったときから五年が経過していれば、消滅時効により五年より前の債務は消滅していることになる。

問4

集金人に「家にはテレビもパソコンもない」と言ったら、「中に入って確認できない限り、請求は続くし滞納受信料の金額も溜まってゆく」と言われた。

回答

ＮＨＫには家宅捜査権などはないので、住人の承諾なしに家に入ることはできない。しかし、家に入らない以上テレビやパソコンがあるかないかを確認できないのだから、請求を続けると主張してくる場合がある。この場合一番良い方法は、テレビが置いてあるような一般的な場所、例えばリビングルームの戸棚の上などにテレビがないことを確認させることである。その確認のための来宅の日時は、もちろんこちらの都合で決めることができる。こちらの決めた日時に家に入れて、テレビやパソコンのないことを確認させる。その際、押し入れや他の部屋なども見せてくれるように頼まれたら、断れば良い。家宅捜査権がない以上、ＮＨＫにそれ以上の検査などはできない。

その際、来宅の日時を決めるときに確約しておかなければならない事項がある。

まず、来宅の折にＮＨＫ職員の名刺か職員証と「廃止届」を必ず持参するように約束する。次に、テレビやパソコンなどがないことを確認している様子を、写真またはビデオで撮影する旨を伝え、その承諾を取り付けておく。「廃止届」というのは、ＮＨＫが通し番号を付けて所持している書類で、受信契約の破棄をするのに必要な書類である。

約束の日時にＮＨＫ職員が来宅したら、職員証と「廃止届」を持参したかどうかを、必ず家に入れる前に確認する。持参していなければ家に入れてはいけない。持参していたら、テレビ等のないことを確認しているところを撮影し、その場で「廃止届」を渡してもらい、署名捺印してＮＨＫ職員に渡す。

この場合、ＮＨＫ側は「テレビはいつからないのか」と聞いてくることがよくある。もし、「三年前に故障してからなくなった」と言えば、「それなら三年前までの受信料を払え」といってくる可能性が高い。「この家に越してきてからテレビは持ったことがない」というと「では、なぜアンテナが立っているのか」といった問答が想定される。こうした問答のあげくに、「テレビがあった時代の受信料を払ってくれたら、廃止届を差し上げます」と言われた事例がある。その時は逆に「今、廃止届を受理すれば未納分を払ってやる」と切り返し、必ず廃止届を受け取り、署名捺印して相手に受け取らせるようにすべきである。

「テレビがあったのは十年ほど前までだ」と答えたとするると、今の家に越してきたのが二十年前だとすると、二十年前から十年前までの受信料が請求されるが、「それはすでに時効で債権債務関係は消滅している」と言えば終わる。請求書はいつまでも来るかもしれないが、裁判に持ち込んでもＮＨＫは絶対に勝てないので、訴訟にはならない。

問５

受信料の未払い分が二十年くらい溜まっている。ＮＨＫから三十万円くらいの請求書が来ている。最近、大きな封筒で、「重要なお知らせ」というのが届き、法的措置を執ると書いてあったが、どうすれば良いか。

回答

大きい封筒で届いたり、赤い封筒で送ってきたりするのは、単なる脅しと考えて良く、これでただちに訴訟という事態には必ずしもならない。もし、ＮＨＫが法的措置を執ると、最初に溜まっている受信料の「支払督促」が簡易裁判所から送られてくる。そこには時効に関係なく、ＮＨＫの言い値通りの金額が書いてある。裁判所からの支払督促が届いたというので驚いて払ってしまうと、せっかくの時効を放棄したことになる。例えば、ＮＨＫが三十年分四十数万円を支払えという訴訟を起こせば、簡易裁判所はそのままの金額を書いて来る。これに慌ててそのまま支払うと、争えば消滅時効によって支払わなくても良かった二十五年分三十五万円を余分に支払うことになる。

実はこうした事例は非常に多く、ＮＨＫとしてはまことに笑いが止まらないというところである。現に、平成二十三（二〇一一）年度の受信料収入は、かの東日本大震災の大惨禍によって数万世帯が受信料納付不能となったにもかかわらず、六千八百億円にのぼり、過去最高を記録している。ＮＨＫにとって法的恫喝は、打ち出の小槌のようなものなのである。

時効を生かすためには、簡易裁判所から届いた支払督促をそのまま鵜呑みにせず、必ず二週間の期限内に異議申し立てを行って、地方裁判所での裁判に持ち込まなければならない。そこで消滅時効を主張すれば、ＮＨＫの受信料の消滅時効を五年とする判決は、平成二十六（二〇一四）年に最高裁で確定しているので、必ず認められる。

問6

消滅時効というのは、どういうことなのか。時効は五年ということで決まったと聞くが、なぜＮＨＫは何十年も前からの受信料を、何十万円も請求してくるのか。

回答

消滅時効というのは、一定の時間経過によって債権者の債権が消えてしまうことを意味している。ＮＨＫの受信料金の消滅時効が五年ということは、例えば二十年間受信料を滞納している場合、二十年前から六年前までの十五年間は支払わなくても良いということである。来年以降も滞納を続けると、この消滅期間が一年ずつ延びてゆく。支払わなければならないのは、常に現時点から五年前までであるというのが、消滅時効五年の意味である。

ただし、時効が実際に機能するためには、時効の援用について債権者と債務者が合意するか、または裁判によって判決で時効の援用を命ずるしかないのであって、債権者側が自主的自動的に、時効分を免除して債務者に請求するということはまずあり得ない。だから、NHKは債務者に対しては滞納している受信料の全額と、場合によっては延滞金を上乗せして請求してくる。「時効の援用」とは、「時効だから払いません」と言えば良いのである。これは文書で明確に言う必要がある。

NHKと消滅時効五年について合意を得ようと思えば、過去五年間についての受信料支払いをもって、お互いの債権債務を精算するという合意文書を作成してもよいし、「五年分以上は時効だから払わない」という文書をNHKに内容証明で送り、支払い受信料がいつからいつまでの分であるかを明示して支払えば良い。そうでなければ、受信者側から勝手に五年間分だけ払って、消滅時効分は除いた債務は返済したのだから、もう債権債務関係はないと主張しても、それは無効である。

次の質問にも関係することだが、こういう支払いをすると、例えば受信料の支払いが二十年間滞納していた場合、ＮＨＫは支払われた五年分の受信料を、二十年前から十六年前までの分として領収書を発行する。つまり、消滅時効を援用すれば支払わなくても良かった受信料を支払うことになる。

しかも、こういう事態になると、債務者は自ら二十年前の債務にも返済の意思がある、つまり消滅時効を援用しない、わかりやすく言えば消滅時効を放棄する意思表示をしたと見なされる危険がある。一度こうなってから裁判をしても、消滅時効が適用されない危険が生じてしまうので、十分注意しなければならない。

問7

集金人に、二十年位溜まっている受信料約三十万円を請求されたので、「受信料の時効は五年じゃないか」と言ったら、「では、五年分払ってくれたら後は帳消しにする」と言われたが、信じて良いのか。

回答

信じてはいけない。これはＮＨＫがよくやる狡猾な罠である。受信料不払い者にとっては、隔月ごとに送られてくるＮＨＫからの請求書は、実に気の重いものであり、しかもその金額は確実に積み上げられてゆく。たちの悪いアダルト・ビデオの請求よろしく、毎回金額がつり上がりながら執拗に繰り返される請求書の送達。しかも、訴訟という法的恫喝まで付いてくる。精神的な疲労感が募るところに「消滅時効分を除いた五年分だけ払ってくれれば、後の十何年か分はもう帳消しにしましょう」という言葉は、正に甘い悪魔のささやきと言うべきであろう。

例えば、二十年未払いの人にとっては、十五年分が帳消しになると思って五年分を支払うが、ＮＨＫは前項で述べたように二十年前から十六年前までの領収書を発行してくる。こうなると、これも前項で述べたように、本来なら消滅時効によって債務が消えているはずの、十五年前から六年前までの未払い受信料についても、消滅時効が援用されなくなる危険が発生してしまう。

故にもしこのようなケースで、集金人に現金を渡すような場合には、必ずその場で直近五年以内の年度の入った領収書を書かせ、同時にこれ以前の未払い分は消滅時効によって免除する由、必ず署名捺印付きの文書で書かせるようにしなければならない。

問8
本当に裁判になるとどうなるのか。放っておいても良いのか。

回答

放っておいてはいけない。

受信料支払い者にとって、来る度に請求金額が高くなってゆくNHKからの請求書は、実にうっとうしく見たくもないものではあるが、必ず中を開けて見るようにしてもらいたい。法的措置を執ると書いてあり、実際滞納受信料が二十万円を超えてきたら、一応危険水域に入ったと考えなければならない。

本当に裁判になるときは、これも前述したが、簡易裁判所から「支払督促」という文書が特別送達便で送られてくる。これも届いたらすぐに中を開けて、よく読まなければならない。NHK受信料の場合、その旨が記述してあり、請求金額はNHKの言い値通り、つまり消滅時効に関係なく滞納分の受信料全額と延滞金が書き込まれている。

簡易裁判所からこの支払督促を受け取ったら、必ず二週間以内に異議申し立てをしなければならない。放っておくと、NHKの言い値通りに確定してしまい、消滅時効が援用されない受信料の支払い義務が発生してしまうからである。

異議申し立てをすると、簡易裁判所から各都道府県の地方裁判所に移管され、そこで本格的な裁判になる。その裁判の場で、不払い者は被告として出廷し、なぜNHKの受信料を払わないのか、あるいはなぜ受信契約をしないのかについて、思う存分自己主張することができる。

裁判はだいたい一年間かかるが、NHKが勝訴しても消滅時効五年が確定しているから、延滞金などを含めても、八万円程度の支払いで済む。もちろん弁護士などを頼めば、他に弁護士費用がかかる。

問9　実際の裁判で、判決はどうなるのか。判例を教えて欲しい。

回答

判決では、ほとんどＮＨＫが勝訴となり、受信契約締結と受信料の支払いが命じられる。しかし、受信料の消滅時効五年は、最高裁判決で確定しているため（平成二十六〈二〇一四〉年九月五日）、六年以上前の受信料は消滅する。つまり、消滅時効五年を援用するために、裁判を行う意味がある。

しかし、裁判を行う最も重要な観点は、ＮＨＫの放送法四条違反番組の実例を裁判審議の俎上に載せ、第二章第二節の会員Ｍ氏の控訴審判決において紹介したように、判決の傍論として「編集の自由の下に偏った価値観に基づく番組だけを放送し続けるならば、放送受信契約の締結を強制され、受信料を負担し続ける国民の権利、利益を侵害する結果となると考えられるのであって、放送法は、そのような事態を想定していないといわざるを得ない。したがって、そのような例外的な場合に受信設備設置者である視聴者の側から放送受信契約を解除することを認めることも一つの方策と考える余地がないではないといい得る」といった裁判所の判断を、一つでも多く引き出すことにある。

このような裁判所の判断を積み重ねることによって、受信料制度解体に向けた楔を打ち込んでゆくことができるからである。

問10　NHKとの裁判を避けるためにはどうすれば良いか。

回答

NHKは、簡易裁判所からの「支払督促」だけで、慌てて滞納受信料を全額振り込んでくれるような未払い者を、最も歓迎する。つまり、裁判を恐れているそぶりを見せれば、NHKはすぐにでも裁判に訴えてくる可能性が高い。故に、心構えとしては、裁判を恐れるどころか、訴訟を起こされたらそれを機会に、被告席からN

HKの放送法四条違反事例を滔々と論じ、NHKがいかに公共放送の名に値しないかを論証してみせるとの気概を持って臨む必要がある。

さらに、NHKは背後に組織が付いているような不払い者を敬遠する傾向がある。反NHKといっても、やはり個人としてやっていれば、その対応策には限界がある。しかし、法律の専門家や政治家などが共闘しているような組織が、背後に付いているとなると、NHKもさすがに警戒し、そういう不払い者を疎ましく感じる。NHKとしては、実際の裁判にならずに、早速受信料を払ってくれるのが一番好ましいからである。しっかりした信念に基づいて、反NHK運動を展開しているような組織メンバーに訴訟を持ちかければ、実際に裁判になって一年間の時間と諸々の費用を費やし、また実際問題のある番組内容が審議されるなど、デメリットが少なくないからである。

問11　反NHKの組織メンバーになると、却って起訴されやすくなるのではないか。

回答

それは、反対である。前項で述べたように、しっかりとした信念に基づいて、反NHK運動を展開する組織と、正面から衝突することをNHKはむしろ恐れている。反NHK組織のメンバーであると、却って狙い撃ちにされるのではないかと考える人は多いが、実際の裁判事例を見ると事実はその逆であることが多い。

ただ単に、払わなくて済むものなら受信料など払いたくない、という理由ではなく、明らかな反日誘導、事実の歪曲をNHKがやっているとの確証に基づいた反NHK運動こそ、NHKが最も懸念している動向である。

問12　反NHK運動を展開している組織にはどのようなものがあるか。

回答

かつて反NHKは左翼系の運動が中心だった時代もあるが、今では左右両方の政治的立場から反ＮＨＫ運動があるらしい。色々な団体があるが、本書第二章第二節でも触れた、著者が理事長を務める「一般社団法人メディア報道研究政策センター」（メディ研）について、我田引水のようだが解説してみよう。

メディ研は、ＮＨＫの史実を曲げてまで日本を貶める反日報道に抗議して、受信料不払い運動を展開している。我々は妄信的な愛国主義者ではない。祖国を愛すればこそ、間違ったことをすればそれを正し、過去の過ちには謝罪があって当然と考える。

しかし、ありもしなかった罪過をでっち上げて、祖国に濡れ衣を着せているのがＮＨＫなのである。詳細は、すでに第一章第一節で論じたとおりである。しかもそのやり方の狡猾さと言い、度重なる頻度と言い「日本憎し」のその執拗な怨恨は、もはや病的な異常さを帯びているとしか言い様がない。

かかる反日ＮＨＫに対して、訴訟に関する憂いなく反ＮＨＫ運動を展開すべく、メディ研はいくつかの組織的工夫を具備している。専門の弁護士三名を理事として迎え、また影響力のある国会議員数名を顧問として迎えている。

さらに、いざ裁判になったときの費用負担を会員相互の互助制度を以て軽減すべく、「裁判対策費制度」を施行している。この制度は、一種の裁判保険であり、会員相互に任意で何口かの対策費を単年度ごとに納めておき、裁判になった会員の裁判費用等を、その供出金の中から補填する。その補償額は、各会員の対策費口数によって異なる。もちろん口数の多い方が、補償額も多いのは、一般の保険制度と同様である。この制度によって、弁護士費用を含めれば普通数十万円かかる裁判費用が、数千円から一万円程度の掛け金で補われることになる。

当センターは、一般社団法人であるから、年一回の社員総会があり、会員は議決権を有する。その他、いつでもＮＨＫ関連の法律相談や改善提案など、会員間の相互連絡や相互啓発に心がけている。詳細は、当センターのホームページなどにお問い合わせいただきたい。

あとがき　NHKの将来

東京地裁判決はスクランブル化への第一歩

令和二（二〇二〇）年六月二十六日、東京地裁はNHKを受信できないように加工したテレビの保有者に対して「（NHKによる）テレビジョン放送の受信についての放送受信契約を締結する義務が存在しないことを確認する」との判決を下した。

この裁判は、メディア報道研究政策センターの会員が原告となって、着脱不能な形で取り付けた「NHK拒否アンテナ」によって、NHKは映らなくなったのだから、受信契約は不要なはずだとして、契約義務不存在を確認するために起こした裁判である。NHKは本来、技術的に可能なスクランブル放送をすべきなのに、NHKを見たくない受信者の側から、費用と手間をかけてNHKを拒否した事例が、その法的正当性を認められたことは、スクランブル化への重要な足がかりとなる。

不可避なスクランブル化

ＮＨＫが現在のような特殊法人という、いわば中途半端な位地にとどまり続けるか、あるいははっきり国営放送局になるか、はたまた民営化して民放になるかによって、事業収入の形態は変わってくる。

もし、特殊法人の立場にとどまるのであれば、放送受信料制度も続くことになるが、それでも見たい人だけが受信料を支払うスクランブル化は不可避となるであろう。衛星放送では既に実施されているスクランブル放送は、当然地上波にも技術的に可能である。

にもかかわらず現状では、ＮＨＫを見る人も見ない人も、見たくない人からも受信料を徴収している。不払い者には、法的恫喝を以って受信契約・受信料支払いを強要している。

これは、はしがきでも論じたように、消費者主権の論理に反しており、自由主義経済の原則にも反している。はしがきにおいては、受信料制度が法制化された時代背景を論じ、同制度が既に時代遅れとなっていることも述べた。しかも今日では、受信料の納入者を特定し、不払いの人を特定化して映像を映らなくすることが可能になっているのであるから、当然これを行うべきである。見たい人は受信料を払って見る。見たくない人は受信料を支払わない。支払わないから映らない。こうした当たり前の、視聴者の自主的な選択に基づく、自由市場経済の取引形態が実現されるのが自然である。この流れは、社会的経済的な潮流からも、また技術的な流れからも、抗しがたく避けがたい動向である。

第二章第二節の裁判事例で見たように、東京地裁はスクランブル放送によってNHK離れが起きると、受信料収入が減って、放送サービスの普及という公共の福祉が制約されるから、スクランブル放送はしなくても良いとの判断を下した。これは、NHKは多くの人々が見たくもないような番組を作り続けても、全視聴者から受信料を強制徴収することが、公共の福祉に適うと言っているのと同じである。

NHKもまともな事業体であるならば、多くの人が自主的に受信料を払って見たいと思うような、それこそ良質な内容の番組制作に努力すべきである。これは当然の市場原理で、企業が収益を拡大したければ、良質安価な製品・サービスを提供しなければならないのと同様である。

さて、ＮＨＫの第二の道として、国営放送への変換が考えられる。もし、ＮＨＫが国営放送局になると、ＮＨＫ職員は国家公務員となるので、平均年収が千七百五十万円などという法外な給与は取れなくなる。それだけでも、膨大な人件費の無駄が削減される。

ただし、国営放送局になれば、ただちに公正・公平な放送が期待できるとは限らない。例えば、令和二年度の文科省による教科書検定が、いかに不公正かつ不公平なものであったか。「新しい歴史教科書をつくる会」の教科書が、言いがかりとしか言いようのない検定意見の積み上げによって一発不合格とされた、いわば「教科書検定事件」とも言い得る奇怪な検定は、正に文部科学省という国家組織によって行われたのである。

例えば、ＮＨＫが国営放送局となって、総務省の管轄に入るか、何か新たな国家組織を創設するかしても、それだけで放送内容の改善を期待することはできない。国家組織というものも、現在のＮＨＫの受信料制度と似たところがあって、自分たちの事業努力と収益が、市場原理によって繋がっていない。

だからこそ、かつての国鉄や郵便局などにおいて、顧客軽視ないし顧客蔑視の極左組織が跋扈した時代があったわけである。国労や動労、あるいは全逓等の組織は、およそ顧客概念からかけ離れた、場違いな特権意識の妄想に耽っていた。革命家気取りで違法なストライキを行い、改札口で乗客を怒鳴りつける国鉄職員や、一般ドライバーを怒鳴り飛ばす郵便配送車の郵便局員などは、その当時決して珍しくはなかった。

これと同じことは、現在のＮＨＫにもすでに起きている。本文第一章で既に論じたように、ＮＨＫ職員の傲岸不遜は到底容認できないレベルに達しており、番組編集の名の下に、事実を飴のように自在にねじ曲げて、好き勝手な主義主張の伝播に専心している始末である。

こうなると、国鉄や郵政が辿った民営化への道が見えてくる。つまり、自分たちの足でスポンサーを探し、スポンサーの集まるような人気番組作りに、精を出さなくてはならなくなる。よく民放になると、スポンサーの影響力が増して、放送の中立性が脅かされるという議論があるが、これはむしろ反対である。例えば、民放で極端な偏向番組を流すと、視聴者の反発は、スポンサー企業の製品不買運動というカードを切ることができるからである。これに対して、現在のＮＨＫのような受信料制度の下では、どんなに視聴者が反発しても、ＮＨＫの収入は受信料強制徴収の法律によって守られているから、自浄努力が全く働かない。これに少しでも風穴を開けようとしているのが、受信料不払い運動なのである。

しかし、現在の民放を見る限り、公正・公平な放送とはとても言いがたい番組ばかりである。したがって、民営化したからといって、公正・公平な番組作りが、自動的に促進されるという保証はまったくない。では、公正・公平な放送はどうしたら実現できるのであろうか。

不可欠な放送法四条罰則制度

こう考えてくると、現在のＮＨＫが特殊法人のままで、スクランブル放送を取り入れるのが、公正・公平な放送の実現に一番期待が持てるようにも思える。しかし民放に対しても正しい報道を確保するためには、やはり放送法四条に罰則規定を設ける必要があると考えられる。

現在でも、ＢＰＯ（Broadcasting Ethics & Program Improvement Organization）放送倫理・番組向上機構が存在するが、この組織の拡充を図り、総務省や国会との連携の下、放送法四条に違反した場合の罰則規定を整備し、その審理の権限とプロセスを決めてゆく必要があると考える。

例えば、運転免許の点数制度のようなものをもうけて、不公正な番組の問題の深刻度によって、減点してゆき、放送停止期間を決定したり、放送業者の免許停止期間を定めたり、さらには免許取り消しまでを設定したりする制度が考えられる。

ただし、こうした制度を作っても、それを審理する権限をどこに与えるのか、その審理・決定権限のある組織のメンバーをどうやって選ぶのかといった問題が、次々に出てくることは確かである。しかし、現在のような問題のある番組、特に受信料の強制徴収によって成り立つ、公共放送局ＮＨＫの不公正な番組を、野放しにしたままでいるわけにはいかない。

立法・行政・司法の三権に対して、マスコミは第四の権力と言われて久しいが、その影響力の大きさからして、国権の最高機関と言われる国会を凌ぐ、第一権力とさえ言われる位地にある。三権分立が、とにかく法制度上相互に牽制し合う、分立制度にあるのに対して、マスコミは制度上牽制勢力を持っていない。この牽制制度の整備無くして、マスコミの正常化はあり得ないとすれば、立法・行政・司法は共に同制度の設立に、協力体制をとる責務があるはずである。

メディア報道研究政策センターのＮＨＫ受信料支払い拒否運動が、かかるマスコミの公正化に向けた真面目な議論の契機となることを、切に望んで止まない。

協力者
高池勝彦
本書の法的解釈全般に亘って、教示ないしコメントを得た。
本間一誠
第一章第一節の(5)「あいちトリエンナーレ２０１９」および(6)「バリバラ桜を見る会」に関する情報提供において、本間一誠氏の協力を得た。

【協力者略歴】

高池勝彦（たかいけ　かつひこ）

昭和17年8月7日生。弁護士（高池法律事務所）。

昭和41年早稲田大学第一法学部卒業、同43年大学院修士課程終了。労働法専攻。

昭和55年アメリカ、スタンフォード大学ロースクール卒業。

サンフランシスコ及び香港の法律事務所で勤務。

平成16年から23年大東文化大学法科大学非常勤講師（民法担当）。

「新しい歴史教科書をつくる会」会長、公益財団法人国家基本問題研究所副理事長、一般社団法人メディア報道研究政策センター理事。

著書に『反日勢力との法廷闘争』（展転社、平成30年）がある。

憲法、労働法、不動産にかんする著書あり（共著）。

戦後補償に関する論文あり。

南京事件に関する裁判、ＮＨＫ及び朝日新聞に対する訴訟、教科書裁判など担当。

本間一誠（ほんま　まずまさ）

昭和20年生。東京都出身。皇學館大学文学部国文科卒。国語科教師として鹿児島県、千葉県の県立高校に勤務の後、三重県の私立高校に転じる。公立私立を問わず、教育の根底にあるべき健全な国家観の不在を痛感すること多く、私学に移ってからは度々修学旅行で生徒を引率して長途納沙布岬に立たせ、北方領土を指呼の間に望ませた。平成22年の「正論」三月号に執筆した「『坂の上の雲』から〝輝く雲〟を消し去ったＮＨＫ」が機縁となり、「ＮＨＫウオッチング」で健筆を揮われた中村粲先生亡き後､翌平成23年の「正論」二月号から平成28年の同紙十月号まで、「一筆啓誅ＮＨＫ殿」を連載した。連載において、ＮＨＫは依然として戦後利得者、戦後体制の強力な延命装置であるということを訴え続けた。現在、一般社団法人メディア報道研究政策センター理事。

【著者略歴】

小山和伸（おやま　かずのぶ）

昭和30年、東京都生まれ。同55年、横浜国立大学経営学部卒業。同年、東京大学大学院経済学研究科博士課程入学、同61年、神奈川大学経済学部専任講師、同63年、同大助教授、平成7年、経済学博士（東京大学）、同年、神奈川大学経済学部教授、同23年、一般社団法人メディア報道研究政策センターを設立。理事長に就任、現在に至る。

主な著書に『技術革新の戦略と組織行動』（増補版、白桃書房、平成9年）、『救国の戦略』（展転社、同14年）、『リーダーシップの本質』（白桃書房、同20年）、『選択力』（主婦の友社、同22年）、『戦略がなくなる日』（主婦の友社、同23年）、『不況を拡大するマイナス・バブル』（晃洋書房、同24年）。『無知と文明のパラドクス』（晃洋書房、同29年）『増補版 これでも公共放送かＮＨＫ！』（展転社、令和元年）など。

共著に『現代経営管理論』（有斐閣、平成6年）、『経営発展論』（有斐閣、同9年）、『ウソだろ⁉　バリアフリー』（晃洋書房、同20年）など。

居合道無双直伝英信流範士8段。

決定版　ＮＨＫ契約・受信料対策マニュアル

ＮＨＫ受信料を払わなくても良い理由

令和二年八月五日　第一刷発行

著　者　小山　和伸

発行人　荒岩　宏奨

発　行　展　転　社

〒101-0051　東京都千代田区神田神保町2-46-402

ＴＥＬ　〇三（五三一四）九四七〇

ＦＡＸ　〇三（五三一四）九四八〇

振替〇〇一四〇―六―七九九九二

印刷製本　中央精版印刷

ISBN978-4-88656-510-5

てんでんBOOKS
[表示価格は本体価格（税抜）です]

増補版 これでも公共放送かNHK！　小山和伸
●偏向反日番組や韓流ドラマを垂れ流し！放送法を楯にとって受信契約、受信料徴収を強いるNHKなどもういらない！　1600円

救国の戦略　小山和伸
●気鋭の経済学者による日本人の血に根ざした実践論の展開。「戦略的アプローチ」で日本の救世興国を説く！　2000円

反日勢力との法廷闘争　高池勝彦
●司法界は健全か、あるいは歪んでいるか？我が国を悪しざまにののしる裁判官に立ち向かう弁護士の活動記録!!　1600円

硫黄島からの父の手紙　周藤征一
●激戦の地となった硫黄島から発信された家族宛の手紙。硫黄島に降り立ち、遺骨収容活動を行った記録を綴る。　1200円

皇位継承　女性議員飛躍の会
●わが国が直面している最大の課題をどう解決していくのか。有識者たちがさまざまな方策を提言。　1500円

アイヌ副読本『アイヌ民族：歴史と現在』を斬る　的場光昭
●大ウソ満載のアイヌ副読本！　副読本『アイヌ民族：歴史と現在』には、〝チュチェ思想〟が見え隠れしている。　1400円

こんなに怖い日本共産党の野望　梅澤昇平
●いまだに暴力革命路線を捨てていない日本共産党。「共産党を知らない世代」にその恐ろしい野望を教えます。　1500円

てんでんBOOKS

［表示価格は本体価格（税抜）です］

法華経世界への誘ひ　相澤宏明

●本書は難解な法華経の大まかな内容を把握し、思想としての法華経理解に導くとともに、国家・社会との接点を抉り出す。　2800円

アジアを解放した大東亜戦争　安濃豊

●帝国陸海軍は、太平洋で米軍と激戦を繰り広げながら、東南アジアでは次々に欧米諸国の植民地を独立させていた。　1300円

一次史料が明かす南京事件の真実　池田悠

●安全区・国際委員会を設立したのはアメリカ宣教師団であり、その目的は中国軍の支援保護であった。　1200円

平成の大みうたを仰ぐ 三　国民文化研究会

●御即位三十年記念出版！　平成二十一年から三十一年までの年頭に発表された御製と御歌を謹解。　2200円

天皇の祈りと道　中村正和

●わが国には「人のために生きる」という思想がある。その思想の淵源は、天皇の祈りと、わが国の神の道にある。　2000円

天皇が統帥する自衛隊　堀茂

●憲法改正だけでは自衛隊は戦えない。天皇陛下と自衛隊「この難問に敢然と挑戦したのが本書である」。　1700円

神武天皇論（抄）　橘孝三郎

●戦前の五・一五事件に参画した農本主義者・愛郷塾の橘孝三郎が、戦後に著した大作『神武天皇論』を抄録で復刊。　4000円